BEI GRIN MACHT SICH IHR
WISSEN BEZAHLT

AF173247

- Wir veröffentlichen Ihre Hausarbeit,
  Bachelor- und Masterarbeit

- Ihr eigenes eBook und Buch -
  weltweit in allen wichtigen Shops

- Verdienen Sie an jedem Verkauf

Jetzt bei www.GRIN.com hochladen
und kostenlos publizieren

GRIN

Amadeo Raino

Bildungsstandards im Biologieunterricht

Modelle, Sozialformen und dazu passende Methoden im Biologieunterricht am Beispiel der Gegenüberstellung der Evolutionstheorien von Darwin und Lamarck

GRIN Verlag

Bibliografische Information der Deutschen Nationalbibliothek:

Die Deutsche Bibliothek verzeichnet diese Publikation in der Deutschen National-
bibliografie; detaillierte bibliografische Daten sind im Internet über http://dnb.d-
nb.de/ abrufbar.

Impressum:

Copyright © 2008 GRIN Verlag GmbH
Druck und Bindung: Books on Demand GmbH, Norderstedt Germany
ISBN: 978-3-656-21213-3

Dieses Buch bei GRIN:

http://www.grin.com/de/e-book/195260/bildungsstandards-im-biologieunterricht

GRIN - Your knowledge has value

Der GRIN Verlag publiziert seit 1998 wissenschaftliche Arbeiten von Studenten, Hochschullehrern und anderen Akademikern als eBook und gedrucktes Buch. Die Verlagswebsite www.grin.com ist die ideale Plattform zur Veröffentlichung von Hausarbeiten, Abschlussarbeiten, wissenschaftlichen Aufsätzen, Dissertationen und Fachbüchern.

Besuchen Sie uns im Internet:

http://www.grin.com/

http://www.facebook.com/grincom

http://www.twitter.com/grin_com

Bildungsstandards im Biologieunterricht

Modelle, Sozialformen und dazu passende Methoden im Biologieunterricht am Beispiel der Gegenüberstellung der Evolutionstheorien von Darwin und Lamarck

Spezielle Themen der Didaktik

Eingereicht von Amadeo Raino

30.05.2008

Bildungsstandards –

Modelle, Sozialformen und dazu passende Methoden im Biologieunterricht (E9-E13, K1)

Inhaltsverzeichnis

1. Einleitung

1.1 Allgemeine Zielsetzungen

In dieser Hausarbeit werde ich mich mit der Einführung von Bildungsstandards im Fach Biologie beschäftigen und eine Konzeption entwickeln, wie man die Bildungsstandards und die Vermittlung der Kompetenzen in der Unterrichtspraxis umsetzen könnte. Ich habe mich für die Umsetzung des Unterrichtsthemas „Vergleich der Evolutionstheorien von Lamarck und Darwin" für die Durchführung der Unterrichtsmethode Jigsaw II (ähnlich Gruppenpuzzle) entschieden. Diese werde ich zunächst näher beschreiben und zum Abschluss der Hausarbeit werde ich meine Unterrichtskonzeption im Hinblick auf Probleme bei der Umsetzung und der Vermittlung von Kompetenzen reflektieren.

Die ausgewählten Inhalte des Lehrplans Biologie stellen einen Mindestplan dar, der durch die einzelnen Schulen auf Grund von lokalen Gegebenheiten, räumlichen, sächlichen und personellen Voraussetzungen noch ergänzt und erweitert werden kann. Fakultativ können laut Lehrplan in der Realschule auch Selektionstheorien und Darwins Evolutionstheorie gelehrt werden (vgl. Lehrplan Biologie Realschule). Ich habe jedoch meine Materialien auf die Oberstufe zugeschnitten, da ich anstrebe, auf einem Gymnasium zu unterrichten.

Mir ist bekannt, dass das Unterrichtsthema Evolution erst im gymnasialen Lehrplan in der Oberstufe (vgl. Lehrplan Biologie G9) behandelt wird, sich die Bildungsstandards aber auf den mittleren Bildungsgang beziehen. Ich gehe jedoch davon aus, dass sich die Standards für die Oberstufe nicht so gravierend ändern, sondern vornehmlich ergänzt werden. Deshalb habe ich mich dazu entschieden, die Unterrichtskonzeption als Projektarbeit im Wahlunterricht durchzuführen.

Im Folgenden werde ich zunächst wichtige Ergebnisse der PISA-Studien nennen, denn einer der bildungspolitischen Konsequenzen aus PISA ist die Einführung von Bildungsstandards. Dabei sollen Schülerinnen und Schüler Kompetenzen über ein Mindestniveau erlangen. Die Schulen führen Evaluationen über das Erreichen der Ziele durch. Durch die Einführung von Bildungsstandards soll auch die Abschaffung der geltenden schulformbezogenen Lehrpläne und stattdessen eine Einführung schuleigener Curricula erfolgen, die sich an Bildungsstandards orientieren.

2. Ergebnisse der Pisa-Studien

Die Leistungen von deutschen Schülerinnen und Schüler liegen in allen Bereichen unter dem Durchschnitt der teilnehmenden Staaten. Außerdem benötigen Kinder mit Migrationshintergrund eine bessere Förderung. Dabei wurde auch mit Hilfe der PISA-Studie ermittelt, dass die Leistungen von Schülerinnen und Schüler stark von ihrer sozialen Herkunft abhängt (vgl. Kraus 2005: 47; Pfeifer 2006: 12 f.; PISA-Konsortium (Hrsg.) 2001: 466 f.).

Die Ergebnisse der Pisa-Studie, die im Jahre 2003 durchgeführt wurde, zeigte im Vergleich zur Pisa-Studie 2000 eine leichte Verbesserung in allen Bereichen der geprüften Kompetenzen . Dies zeigte sich durch einen durchschnittlichen Anstieg um 15 Punkte. Dieser Anstieg kommt besonders durch Kompetenzsteigerungen im oberen Kompetenzbereich zustande. Im unteren Kompetenzbereich konnte dagegen eine geringfügige Abnahme der Kompetenzen beobachtet werden. Daraus resultiert eine größere Streuung der Kompetenzen in Deutschland im Vergleich zu PISA 2000 (vgl. Kraus 2005: 15 f.; http://pisa.ipn.uni-kiel.de/PISA_2003_Kompetenzentwicklung_Zusfsg.pdf, 24.5.2008; http://pisa.ipn.uni-kiel.de/Ergebnisse_PISA_2003.pdf, 24.5.2008).

Die durchschnittliche naturwissenschaftliche Kompetenz fünfzehnjähriger Jugendlicher in Deutschland liegt bei PISA 2003 bei 502 Punkten. Im internationalen Vergleich von PISA 2003 ist dieses Ergebnis durchschnittlich (siehe Abb. 2). In Nachbarstaaten wie zum Beispiel der tschechischen Republik und den Niederlanden sind die durchschnittlichen Kompetenzen höher als in Deutschland (vgl. Kraus 2005: 15 f.; PISA- Konsortium Deutschland (Hrsg.) 2004: 243; http://pisa.ipn.uni-kiel.de/Ergebnisse_PISA_2003.pdf, 24.5.2008).

2. 1 Zentrale Ergebnisse der Schulformen

Schülerinnen und Schüler der Hauptschule liegen im Durchschnitt 180 Punkte hinter Gymnasiastinnen und Gymnasiasten. 40 Punkte entsprechen dabei dem Kompetenzerwerb eines Schuljahres (siehe Abb. 5). Somit ist ein Leistungsunterschied von etwa dreieinhalb Jahren gegeben (vgl. PISA-Konsortium (Hrsg.) 2001: 454 f.). Es resultieren jedoch keine schulformspezifischen Stärken und Schwächen in naturwissenschaftlichen Teilkompetenzen (vgl. Kraus 2005: 16 f.; Weiß (Hrsg.) 2001; http://www.mpib-berlin.mpg.de/pisa/ergebnisse.pdf, 24.5.2008).

3. Einführung von Bildungsstandards

Die Einführung nationaler Bildungsstandards wird von der Kultusministerkonferenz mit der Aufgabe begründet, die Qualität schulischer Bildung, die Vergleichbarkeit schulischer Abschlüsse sowie die Durchlässigkeit des Bildungssystem zu sichern (vgl. KMK 2003: 3). Sie sollen die Elemente von gutem Unterricht stärken. Dazu gehören das Beobachten, Experimentieren und Auswerten, aber auch das Nutzen und kritische Umgehen mit Modellen sowie das Kennen und Argumentieren mit biologischen Theorien wie der Evolutionstheorie (Frank 2005: 5).

Die Einführung von Bildungsstandards an allgemeinbildenden Schulen ist also seit nahezu 30 Jahren wieder der Versuch, eine grundsätzliche Bildungsreform umzusetzen. Wegbereitende Maßnahmen dafür waren die seit fast 15 Jahren betriebenen nationalen und internationalen Schulleistungsstudien. Die PISA-Studie hat dabei das größte Aufsehen erregt. In der Schule werden die unterschiedlichen Lernvoraussetzungen der Schülerinnen und Schüler nicht etwa angeglichen, sondern erhalten und verschärft. Zehn Prozent der deutschen Schülerinnen und Schüler verfügen höchstens über rudimentäre Fähigkeiten im Lesen, Schreiben und Rechnen. Die Bildungspolitiker waren sich deshalb einig, dass es den Schulen vor allem an neuen Einrichtungen zur Qualitätskontrolle fehle.

Das Instrument für die Kontrolle schulischer Lernresultate sollen die nationalen Bildungsstandards sein. Durch sie wird jede einzelne Schule in ihrer Leistung mess- und national vergleichbar. Die Einführung eines solchen Systems führt jedoch gleichzeitig zu Veränderungen bei den Lehrinhalten. Weil die einzelne Schule bewertet werden soll, müssen ihr auch autonome Entscheidungen hinsichtlich der Unterrichtsgestaltung überlassen bleiben. Deshalb werden die staatlichen Lehrpläne auf Kerncurricula reduziert, deren weitere Ausgestaltung im Belieben der Schulen liegt. Es werden Bildungsstandards festgesetzt, über die die Vergleichbarkeit allgemein klassifizierbarer Fähigkeiten (Kompetenzen) entstehen soll (vgl. Feltes et al. 2005: 84).

Aktuelle Leistungsstudien zeigen jedoch, dass die Arbeit in der Schule bei vielen Schülerinnen und Schülern nicht die gewünschten Ergebnisse hervorruft. Die Vermittlung von Schlüsselkompetenzen wie Eigenständigkeit, Verantwortlichkeit, Kreativität, Flexibilität, Kommunikations- und Konfliktfähigkeit oder Teamfähigkeit bedürfe einer Umstrukturierung von Schule zu einem Ort des eigenverantwortlichen, selbstorganisierten und kooperativen Lernens aller Beteiligter an der Institution Schule. Durch die drei Dimensionen Fachkompetenz, Methodenkompetenz und Sozialkompetenz soll sich eine berufliche Handlungskompetenz herauskristallisieren (Avenarius 2003: 150).

Die Bildungsstandards für die Naturwissenschaften Biologie, Chemie und Physik beschreiben die fachspezifischen Kompetenzen in vier gleiche Kompetenzbereiche: Fachwissen, Erkenntnisgewinnung, Kommunikation und Bewertung (vgl. Frank 2005: 3). Eine nähere Erläuterung zu den

Kompetenzbereiche des	Faches Biologie
Fachwissen	Biologische Phänomene, Begriffe, Prinzipien, Fakten kennen und den Basiskonzepten zuordnen
Erkenntnisgewinnung	beobachten, vergleichen, experimentieren, Modelle nutzen und Arbeitstechniken anwenden
Kommunikation	Informationen sach- und fachbezogen erschließen und austauschen
Bewertung	Biologische Sachverhalte in verschiedenen Kontexten erkennen und bewerten

Abb. 1: Kompetenzbereiche

Kompetenzbereichen des Faches Biologie ist der Tabelle zu entnehmen (vgl. Frank 2005: 5).

Der Begriff Kompetenz steht nach Weinert für ein Leistungsvermögen, über das eine Person verfügt. Dabei versteht man unter Kompetenzen die bei Individuen verfügbaren oder durch sie erlernbaren kognitiven Fähigkeiten und Fertigkeiten, um bestimmte Probleme zu lösen, sowie die damit verbundenen motivationalen, volitionalen und sozialen Bereitschaften und Fähigkeiten, um die Problemlösungen in variablen Situationen erfolgreich und verantwortungsvoll nutzen zu können (vgl. Weinert 2002: 27f.).

Der inhaltliche Aspekt wird in der Biologie durch Basiskonzepte dargestellt. Basiskonzepte stärken kumulatives und kontextbezogenes Lernen. In der Biologie handelt es sich um die drei Basiskonzepte System, Struktur und Funktion sowie Entwicklung. Basiskonzepte sollen dabei den Schülerinnen und Schülern eine interdisziplinäre Vernetzung von Wissen ermöglichen, weil die Lernenden in den anderen Naturwissenschaften Chemie und Physik vergleichbare Strukturierungselemente benutzen (vgl. Frank 2005: 7f.).

Durch die Einführung von Bildungsstandards in den Bildungssystemen sollen also neben der Vergabe von Zertifikaten im Wesentlichen der Aufbau von Kompetenzen, Qualifikationen, Wissensstrukturen, Einstellungen, Überzeugungen und Werthaltungen erfolgen. Es werden also Persönlichkeitsmerkmale bei Schülerinnen und Schülern transportiert, mit denen die Basis für ein lebenslanges Lernen zur persönlichen Weiterentwicklung und gesellschaftlichen Beteiligung gelegt ist (vgl. Klieme 2003: 6f.)

So sind Bildungsstandards Elemente innerhalb eines Systems der Steigerung und Steuerung der Qualität des Bildungswesens. Sie setzen am Output an, für den sie Vorgaben spezifizieren. Kerncurricula setzen hingegen am Input an. Dies bedeutet, dass Kerncurricula zu einer Auswahl an Inhalte und Themen und der Gestaltung von Lehr-Lernprozessen beitragen (vgl. Feltes et al. 2005: 74).

Zusammenfassend kann man sagen, dass die Einführung nationaler Bildungsstandards und die damit verbundene Evaluation von Lernergebnissen durch gesonderte Instanzen als Grundlage für eine mögliche Verbesserung der Institution Schule dienen und einer zielgerichteten Planung und Umsetzung von Verbesserungen ermöglichen soll (vgl. Klieme 2003: 81 ff.).

4. Sachanalyse

4. 1 Lamarcks Evolutionstheorie

Jean-Baptiste Lamarck (1744-1829) war ein französischer Naturforscher, der Pflanzen und wirbellose Tiere erforschte. Er formulierte eine der ersten Evolutionstheorien.

Lamarck vertrat folgende Ansicht: Nachdem die Natur einmal das Leben geschaffen habe, sei die Bildung aller weiteren Lebensformen auf die Einwirkung von

Abb. 2: Jean Baptiste de Lamarck

Zeit und Umweltbedingungen auf die Organisation der Lebewesen zurückzuführen. Kompliziertere Lebensformen entwickelten sich ihm zufolge aus einfachen Formen (vgl. Campbell et al 2004: 507). Lamarck stellte diese Gedanken erstmalig in seinem theoretischen Hauptwerk vor, der Philosophie zoologique (1809, Zoologische Philosophie).

Lamarck erklärt darin, die „marche de la nature" (Stufenleiter des Lebendigen) unterliege drei biologischen Gesetzen (vgl. Weber 2001: 240):

- der Wirkung von Umwelteinflüssen auf die Entwicklung von Organen

- den Veränderungen im Körperbau, die abhängig vom Gebrauch oder Nichtgebrauch von Körperteilen seien (siehe Abbildung)

- der Vererbung erworbener Eigenschaften

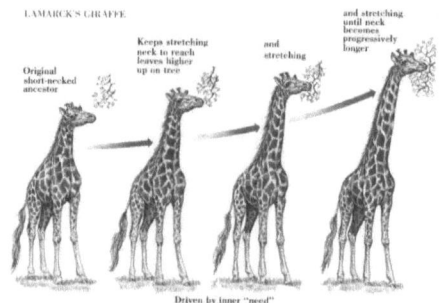

Abb. 3: Lamarcks Evolutionstheorie am Beispiel einer Giraffe (*Giraffa camelopardalis*)

Heute hat der Lamarckismus als Erklärung für evolutionäre Vorgänge keine Grundlage mehr (vgl. Campbell et al. 2004: 507).

4.2 Darwins Evolutionstheorie

Charles Robert Darwin (1809-1882) war ein britischer Naturforscher und Begründer der modernen Evolutionstheorie. Er entwickelte das Konzept der natürlichen Selektion, die in einem kontinuierlichen Prozess zu Veränderungen durch Anpassungen (Evolution) und zur Entstehung aller Lebensformen führt.

1838 hatte Darwin ein erstes Manuskript zur Evolutions-

Abb. 4: Charles Darwin theorie und natürlichen Selektion in Umrissen ausgearbeitet. Im Lauf von etwa zwanzig Jahren arbeitete er dieses Manuskript weiter aus und veröffentlichte andere wissenschaftliche Werke.

Darwins Evolutionstheorie beruht auf folgenden Erkenntnissen (vgl. Campbell et al. 2004: 508f.):

- Arten verändern sich in einer ununterbrochenen Generationenfolge vom Zeitpunkt der Entstehung des Lebens bis hin zu den heute existierenden Arten.

- Individuen einer Art sind untereinander nicht gleich. Innerhalb jeder Art lässt sich für jedes Merkmal eine beträchtliche Variation feststellen (siehe Abbildung).

- Jedes Individuum ist einer natürlichen Selektion (einem Selektionsdruck) unterworfen. Nur die gegenüber ihrer Umwelt am besten Angepassten haben eine Chance zu überleben und sich fortzupflanzen.

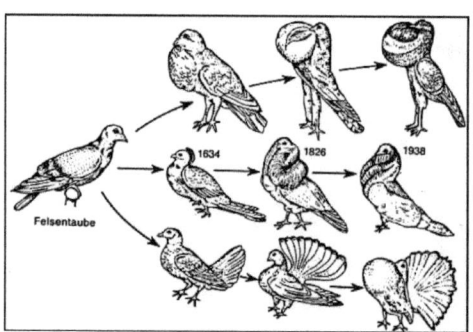

Abb. 5: Darwins Evolutionstheorie am Beispiel einer Felsentaube (Columba livia)

Darwins Theorie der Evolution durch natürliche Selektion besagt also im Wesentlichen, dass die Individuen einer Population alle verschieden voneinander sind. Von diesen sind bestimmte Individuen an die herrschenden Umweltbedingungen besser angepasst als andere und haben damit größere Überlebens- und Fortpflanzungswahrscheinlichkeiten (vgl. Campbell 2004: 508f.). Die genetische Beschaffenheit dieser besser angepassten Individuen wird durch Vererbung an folgende Generationen weitergegeben. Dieser schrittweise und kontinuierliche Prozess bewirkt die Evolution der Arten. Das Bestehen des Lebenskampfes ist also nicht zufällig, sondern von den erblichen Merkmalen der Individuen einer Art abhängig. Dies führt dazu, dass die Individuen einen unterschiedlichen Reproduktionserfolg in der nächsten Generation haben. Dieser Vorgang wird „natürliche Auslese" oder „Selektion" genannt (vgl. Campbell et al. 2004: 510). Die veränderlichen Umweltbedingungen führen zu einem Kampf um das Dasein (struggle for life). Dieser erfordert, dass Arten Anpassungen erwerben, um unterschiedliche Ressourcen nutzen zu können (Weber 2001: 243).

Seine Arbeiten beeinflussten Biologie und Geologie und haben auch auf geistesgeschichtlichem Gebiet große Wirkung ausgeübt (vgl. Campbell et al. 2004: 508).

5. Didaktisch- methodische Überlegungen

Die ausgearbeiteten Unterrichtsstunden wurden für Gymnasialschülerinnen und – schüler der 13. Klasse im Fach Biologie erstellt (vgl. Lehrplan G9 Biologie: 50f.). Zu Grunde gelegt wird eine Klassenstärke von 20 Schülerinnen und Schüler in diesem Biologie Grundkurs. Die Aufgabe dieser Doppelstunde wird sein, die Evolutionstheorien von Lamarck und Darwin zu vergleichen und entweder zu falsifizieren oder zu verifizieren. Die Inhalte sollen mit der kooperativen Methode Jigsaw II erarbeitet werden.

Die Methode Jigsaw II eignet sich hervorragend für die Ausarbeitung dieses Themenkomplexes, da hier das Thema gegliedert und in Themenabschnitte unterteilt werden kann. Über den biologisch-inhaltlichen Aspekt hinaus bietet Jigsaw II die Möglichkeit zum Erlernen sozialer Kompetenzen und zur Förderung des eigenen Verständnisses und der Motivation.

Selbst in der Jahrgangsstufe 11 haben Schülerinnen und Schüler noch häufig Probleme beim Umgang mit Textaufgaben. Über die Methode Jigsaw II kann ihnen eine Strategie an die Hand gegeben werden, mit der sie zunächst lernen, wie Textstellen sinnvoll aufgeteilt werden können. Die Strategie des Expertenlernens kann und soll den Schülerinnen und Schülern aber gerade auch beim Lösen anderer Textaufgaben und Aufgabenstellungen aus anderen Fächern helfen, strukturiert vorzugehen. Es geht demnach um die Vermittlung einer vielseitig anwendbaren Strategie.

Die Lernziele dieser Unterrichtseinheit, die ihren Schwerpunkt auch auf methodische Aspekte legt, sind wie üblich in die Kategorien „inhaltlich", „methodisch" und „sozial" gegliedert. Die Schülerinnen und Schüler sollen am Ende der Unterrichtseinheit sicher sein im Umgang mit den Evolutionstheorien und die daraus resultierenden mannigfaltigen Ergebnisse für biologische Fragestellungen. Es gibt auch methodische Ziele wie anderen etwas erklären können, selbstständig Lösungen zu finden und Lösungsstrategien für Textaufgaben zu verinnerlichen. Außerdem sollen im Hinblick auf soziale Kompetenzen die Förderung der Kooperationofähigkeit, die Entwicklung von Verantwortungsbewusstsein und eine positive Abhängigkeit erreicht werden. Es geht also auch darum zu lernen, sich gegenseitig zu helfen und zu unterstützen.

6. Kooperatives Lernen mit Hilfe der Methode des Gruppenpuzzles (Jigsaw II)

Die Methode des Gruppenpuzzles ist sowohl eine Einstiegs- als auch eine Vertiefungs- und Erarbeitungsmethode. Sie ist dafür geeignet, Unterrichtsthemen zu vertiefen, zu differenzieren und selbstständig weiterzuverfolgen.

Attraktiv für einen Einstieg in ein neues Unterrichtsthema ist diese Methode aufgrund der Abwechslung von Einzel- und Gruppenarbeit sowie dem Wechsel vom eigenem Lernen und dessen Weitervermittlung an die Gruppenmitglieder. Demnach werden neben der Erarbeitung von thematischen Schwerpunkten auch didaktische Fähigkeiten bei Schülern und Schülerinnen geschult und weiterentwickelt. Dies ist ein Unterschied zur herkömmlichen Gruppenarbeit. Die Methode des Gruppenpuzzles verbindet die sich für Gruppenarbeit herausbildende Kooperationsfähigkeit mit dem individuellen Leistungsprinzip. Nur wenn alle Gruppenmitglieder gemeinsam und miteinander sowie individuell und allein „alles geben", können sie am Ende erfolgreich sein (vgl. Slavin 1995: 127).

Die Methode Gruppenpuzzle eignet sich hervorragend, wenn ein komplexer Wissensinhalt erarbeitet werden soll, bei dem die Gruppenmitglieder mehrfach zwischen Basisgruppen und Expertengruppen wechseln. Am Ende dieser Erarbeitungsphase steht ein gemeinsames Quiz, das durch die Lehrkraft durchgeführt wird. In erster Linie ist das Gruppenpuzzle bei umfangreichen Unterrichtseinheiten einsetzbar, da es in Abhängigkeit vom Umfang und Schwierigkeitsgrad der verwendeten Materialien mindestens eine Doppelstunde, häufig aber auch noch mehr Unterrichtszeit in Anspruch nimmt und somit relativ zeitaufwendig ist (vgl. Slavin 1995: 125f.).

Nachfolgend soll mit Hilfe eines Beispiels (Erarbeitung der Evolutionstheorien von Darwin und Lamarck mittels der Methode Gruppenpuzzle) die genaue Vorgehensweise dieser Methode erläutert werden.

6.1 Vorstellung der Methode „Gruppenpuzzle (Jigsaw II)"

Die Methode Gruppenpuzzle ist Bestandteil des kooperativen Lernens. Das kooperative Lernen ist eine Weiterentwicklung von Strukturen der klassischen Gruppenarbeit. Beiden liegt zu Grunde, dass eine Klasse in unterschiedliche, möglichst gleich große Gruppen eingeteilt wird, die nach Weisung der Lehrkraft eine fachliche Aufgabe gemeinsam zu bearbeiten haben.

Gruppenarbeit wird generell als Gegensatz zu lehrerseitig gesteuerte Unterrichtsmethoden (Frontalunterricht) gesehen, bei denen das Lernen für jede Schülerin und jeden Schüler individuell erfolgt. Im Unterschied zur traditionellen Gruppenarbeit wird die Lernform des kooperativen Lernens mit Hilfe bestimmter Merkmale definiert. Dabei stehen affektiv-sozialen Lernziele gleichberechtigt mit den kognitiv-fachlichen Lernzielen der herkömmlichen Gruppenarbeit nebeneinander (vgl. Slavin 1995: 126). Die Schülerinnen und Schüler sollen dabei lernen, als Team zu arbeiten und Aufgaben gemeinsam zu lösen. Wichtig ist nicht ausschließlich das Endergebnis der Gruppenarbeit, sondern gleichwertig der Weg dorthin. Die Lehrkraft zieht sich in der eigentlichen Gruppenarbeitsphase auf die Rolle eines Beobachters zurück, der die Schülerinnen und Schüler sowohl beim fachlichen Lernprozess als auch bei gruppendynamischen Prozessen begleitet und unterstützt.

Norm Green beispielsweise definiert kooperatives Lernen anhand von fünf Punkten (vgl. Green et al. 2005: 15ff.), damit lässt sich diese Art des Lernens zur herkömmlichen Gruppenarbeit abgrenzen.
Das wichtigste Grundprinzip des kooperativen Lernens ist die positive Abhängigkeit der Schülerinnen und Schüler innerhalb der Gruppe. Dabei sind die Ziele so strukturiert, dass sie nur gemeinsam von der Gruppe erreicht werden können. Den Gruppenmitgliedern muss somit klar werden, dass auch fachlich herausragende Leistungen einzelner Gruppenmitglieder alleine nicht zum Ziel führen können. Diese herausragende Leistungsbereitschaft und fachlichen Kenntnisse einzelner Schülerinnen und Schüler werden für die Vermittlung der fachlichen Inhalte innerhalb der Gruppe benötigt, sodass alle Gruppenmitglieder davon profitieren können (vgl. Slavin 1995: 123f).

Daraus entsteht das zweite Element des kooperativen Lernens. Die Schülerinnen und Schüler vermitteln sich selbst den zu erarbeitenden Lehrstoff in direkter Interaktion. Diese gegenseitige Vermittlung von Wissen durch die Schülerinnen und Schüler untereinander erzeugt eine Art Mentorensystem. Eine Person innerhalb der Gruppe, die sich am besten mit einer Materie auskennt, vermittelt diese Kenntnisse den anderen Gruppenmitgliedern. Dabei muss er sicherstellen, dass die anderen die Inhalte auch verstanden haben. Jedes einzelne Gruppenmitglied wiederum muss dafür sorgen, dass es das Wissen verständlich vermittelt bekommt (vgl. Slavin 1995: 124f.).

Dadurch bildet sich sowohl eine individuelle als auch eine Gruppenverantwortlichkeit heraus, welche als drittes grundlegendes Element des kooperativen Lernens definiert wird. Die Verantwortung für das Erlangen von Grundlagenwissen zur Bearbeitung der gestellten Aufgaben verbleibt auf der Ebene des einzelnen Schülers. Die Verantwortung für die Gesamtbearbeitung hingegen wird auf der Ebene der Gruppe getragen. Dadurch entsteht eine Gruppenmotivation, die beispielsweise ein „Mitschwimmen" einzelner Gruppenmitglieder, wie es bei herkömmlichen Gruppenarbeiten oft stattfindet, vermeiden kann.

Das vierte Element stellt die angemessene Kommunikation innerhalb der Gruppe dar. Hierunter werden die Fertigkeiten des Umgangs der Gruppenmitglieder bei der Bewältigung der Aufgabe zusammengefasst. Die Kombination aus der erwähnten positiven Abhängigkeit und der, für viele Methoden des kooperativen Lernens geforderten, leistungsmäßig oft heterogenen Gruppenstruktur, sorgt für verbales Konfliktpotential. Dessen Aufarbeitung und Beseitigung innerhalb der Gruppe steht zunächst als Hindernis von einem effektiven und erfolgreichen Bearbeiten der gestellten Aufgaben. Erst wenn innerhalb der Gruppe eine gemeinsame Basis entstanden ist, können die gestellten Aufgaben bearbeitet werden.

Mit Hilfe von kooperativen Lernmethoden können viele Aspekte gefördert werden, die als Merkmale eines selbstgesteuerten Lernens angesehen werden. Darunter werden individuelle Kompetenzen verstanden, die erforderlich sind, um selbstständig und dabei möglichst effektiv lernen zu können (vgl. Weinert 1982: 99ff.). Diese Kompetenzen werden heute im Berufsleben zunehmend wichtiger, da eine absolvierte Ausbildung oder ein Studium und die darin erworbenen Kenntnisse und Fertigkeiten nicht mehr generell für ein Arbeitsleben ausreichen. Das einmal erworbene statische Wissen muss von jedem einzelnen effektiv und dynamisch erweitert werden können.

Die grundlegende Frage zur Lernmotivation allgemein ist das „Warum des Lernens?" Die Beantwortung dieser Frage stellt ein grundlegendes Merkmal innerhalb eines selbstgesteuerten Lernprozesses dar. Beim kooperativen Lernen bewegen sich die Schülerinnen und Schüler zwar innerhalb eines vorgegebenen Rahmens, das Finden und Verinnerlichen der Motivation zum erfolgreichen Bearbeiten der gestellten Arbeiten bleibt der Gruppe selbst überlassen. Die Gruppe setzt sich selbstständig Ziele (z. B. das Erreichen einer bestimmten Note) und versucht dieses Ziel möglichst systematisch umzusetzen. Die dabei ablaufenden Prozesse finden zwar innerhalb einer Gruppe statt, zeigen aber durch ihre Vielfältigkeit der Schülerschaft unterschiedliche Strategien, um spätere Lernaktivitäten effektiv zu strukturieren.

6.2 Ablauf des Gruppenpuzzles (Jigsaw II)

Ich habe mich in meiner Ausarbeitung für Jigsaw II, einer modifizierten Version des Gruppenpuzzles von Slavin (1986), entschieden. *SLAVIN* wandelte das Gruppenpuzzle insofern ab, denn er verwendet Basisgruppen, in denen jedes Gruppenmitglied dasselbe Material erhält und bearbeitet, jeder Schüler allerdings einen individuellen Fokus hat. Dann geht es weiter wie in der Originalversion: Diskussion in Expertengruppen und Präsentation vor der Stammgruppe. Abschließend findet ein Quiz statt, um das Wissen zu überprüfen. Die Einzelleistungen werden dabei zu einem Gruppenwert addiert und die Gruppe als Ganzes ggf. belohnt (vgl. Slavin 1995: 122).

Dies war notwendig, da zwei Expertengruppen sich mit der Deutung von langhalsigen Giraffen nach der Evolutionstheorie von Lamarck und Darwin beschäftigen. Dazu müssen ihnen jedoch auch die Informationen der Evolutionstheorien bereitstehen.

Jigsaw II wird grundsätzlich verwendet, wenn Material in Textform vorliegt und unterteilt werden kann. Dies ist vor allem in den Schulfächern Deutsch, Geschichte und Sozialkunde der Fall. Diese Methode ist jedoch auch in den Naturwissenschaften anwendbar, wenn es um verschiedene Konzepte geht, in meinem speziellen Fall also die Ausarbeitung und der Vergleich der Evolutionstheorien von Lamarck und Darwin.

Im Folgenden möchte ich nun den Ablauf von Jigsaw II (vgl. Slavin 1995: 122ff.) erläutern:

1.)

Bildung der Basisgruppen

Die Schülerinnen und Schüler werden in sogenannte Basisgruppen aufgeteilt. Jede Basisgruppe erhält den gleichen Satz von Arbeitsmaterial. Dieser Satz ist in die Anzahl der Mitglieder in der Basisgruppe unterteilt und nummeriert, sodass jedes Mitglied einer Basisgruppe ein Expertenblatt erhalten kann, auf dem ein Schwerpunkt festgehalten und das von dem jeweiligen Mitglied der Basisgruppe später bearbeitet werden muss. Zu Beginn der Arbeitsphase wird als erstes der gesamte Satz des Arbeitsmaterials von jedem Mitglied der Basisgruppe gelesen.

2.)

Bildung der Expertengruppe

Die Mitglieder der Basisgruppe werden nun so aufgeteilt, dass sich die Basisgruppenmitglieder des gleichen Schwerpunktes (gleiche Nummer) zusammensetzen und ihre Aufgaben gemeinsam besprechen und lösen. Dadurch werden sie zu Experten ihres Themengebietes. Weiterhin soll in dieser Arbeitsphase erörtert werden, wie man am besten das erworbene Wissen in den Basisgruppen den anderen Mitgliedern nahe bringen kann.

3.)

Experte in der Basisgruppe

Jetzt gehen die Experten eines Themenschwerpunktes wieder in ihre ursprüngliche Basisgruppe zurück. Hier unterrichten sich die Mitglieder der Basisgruppen gegenseitig über ihren Schwerpunkt.

4.)

Quiz

Um den Lernerfolg zu überprüfen, wird im Anschluss ein Quiz durchgeführt, das von jeder Schülerin bzw. jedem Schüler individuell gelöst werden muss und das alle Themengebiete prüft. Hierbei ist zu betonen, dass nun das Prinzip der „positiven Abhängigkeit" ersichtlich ist, da die Schülerinnen und Schüler das Quiz nur lösen können, wenn der vorangegangene Lernprozess ordnungsgemäß vonstatten ging. Dies bedeutet, dass jedes Teammitglied versucht, den anderen Teammitgliedern so gut wie möglich sein Themengebiet zu erklären.

5.)

Auswertung des Quiz und Belohnung für die beste Basisgruppe

Die erzielten Punkte der Mitglieder der Basisgruppen im Quiz werden summiert, sodass sich ein Teamscore ergibt. Danach erfolgt eine Belohnung in Form von Urkunden, Zertifikaten oder Süßigkeiten.

6.)

Reflexion dieser Gruppenarbeitsphase

Später können die Schülerinnen und Schüler diese Gruppenarbeitsphase evaluieren. Hier sollen auch Verbesserungsvorschläge gemacht und herausgefunden werden, ob diese Methode wieder einmal im Unterricht angewendet werden soll. Dies kann als Alternative auch als Hausaufgabe gestellt werden.

7. Kritische Reflexion meiner Konzeption

Nach der Darstellung der methodischen Grundlagen und der Vorstellung der Unterrichtseinheit soll es nun abschließend zu einer kritischen Reflexion bezüglich der Umsetzbarkeit der Methode „Jigsaw II" kommen. Außerdem werde ich kritisch hinterfragen, ob und welche Kompetenzen durch mein Konzept die Schülerinnen und Schüler erlangen können.

Eine Frage, die man sich nach der Konzeption einer solchen für die Naturwissenschaft Biologie fundamentale Unterrichtseinheit sicherlich stellen sollte, ist, ob sie überhaupt wie beschrieben durchgeführt werden kann. Ich denke, dass gerade bei der Bearbeitung und dem Vergleich der beiden verschiedenen Evolutionstheorien von Lamarck und Darwin die nach Slavin veränderte Methode des Gruppenpuzzles (Jigsaw II) sich besonders eignet, da sich hier das Arbeitsmaterial gliedern lässt. Dies ist bei den Naturwissenschaften Chemie, Biologie und Physik eigentlich nur selten der Fall.

Dennoch können bei der Umsetzung dieses Themenkomplexes Schwierigkeiten auftreten, die meist mit äußeren Faktoren, weniger mit methodischen Aspekten, zusammenhängen. In diesem Zusammenhang sind folgende mögliche Probleme aufzuführen: Ich bin bei der Gestaltung von optimalen Bedingungen ausgegangen. Die erdachte Klasse sollte aus 20 Schülerinnen und Schülern bestehen. Dies ist wenig realistisch, denn in der Regel ist die Klassenstärke deutlich höher. 34 Schülerinnen und Schüler pro Klasse sind aus meiner Erfahrung als „Unterrichtsgarantie-Plus"-Kraft keine Seltenheit. Ist dies der Fall, so würden sich Probleme bei der Gruppenbildung ergeben. Hat die Klasse mehr als 20 Schülerinnen und Schüler, gibt es verschiedene Möglichkeiten einer Umsetzung. Beispielsweise könnte man die Basisgruppen vergrößern und zusätzliche Expertengruppen einrichten. Dies ist in meinem Fall jedoch nicht möglich, da ich die Konzeption auf vier Unterthemen limitiert habe. Es könnten jedoch zusätzliche Unterthemen erstellt werden, an denen exemplarisch Darwins und Lamarcks Evolutionstheorie erklärt werden können. Ein rein praktisches Hindernis entstünde auch, wenn ein oder mehrere Schülerinnen und Schüler erkrankt sein sollten. Gibt es nur einen Experten für ein Themengebiet, so fehlt ein Experte und damit ein Thementeil für die Schülerinnen und Schüler dieser Basisgruppe. Dies ist ein Problem, auf das die Lehrkraft vorbereitet sein muss. Ich würde vorschlagen, jeweils den Teil des

Lösungsbogens (siehe Material) zum Themengebiet, bei dem kein Experte vorhanden ist, an die Mitglieder der Basisgruppe auszuteilen.

Eine andere Möglichkeit wäre, jeweils zwei Experten zu einem Themenabschnitt in der Basisgruppe zu haben. Dies kann positiv gewertet werden, denn falls ein Experte von beiden etwas nicht richtig erklärt oder sich unsicher ist, dann könnte der andere Experte „nachhelfen". Hierbei bestünde die Gefahr, dass sich einer der beiden Experten für denselben Themenkomplex sich zunehmend zurückzieht und nichts Produktives mehr leistet. Deshalb wäre es wohl am besten, die Anzahl der Unterthemen zu erhöhen und so eine oder mehrere zusätzliche Basisgruppe mit vier Experten einzurichten.

Bei größeren Klassen könnte es weiterhin zu Schwierigkeiten aufgrund der Größe des Klassenraumes kommen. Es muss die Möglichkeit bestehen, Gruppentische zu stellen, damit die Schülerinnen und Schüler in den Expertengruppen diskutieren und zusammenarbeiten können. Weiterhin müssen die Gruppen mehrmals gewechselt werden; hierfür müssen sich die Schülerinnen und Schüler umsetzen. Bei einer hohen Anzahl an Schülerinnen und Schüler und einem kleinen Klassenraum kann dies sehr problematisch werden. Zudem ist bei dieser Form des Unterrichts eine Unterhaltung zwischen den Gruppenmitgliedern vonnöten. Während sich die Schülerinnen und Schüler austauschen, erklären und helfen, entsteht ein Lärmpegel, der zu hoch werden kann, wenn die Klasse ziemlich groß ist und sich auf wenig Raum konzentrieren muss.

Arbeitet man mit einer Klasse, für die die eingesetzte Methode neu ist, wird man viel Zeit für das Erklären derselbigen benötigen. Dafür habe ich eine Folie entworfen (siehe Material), die den Ablauf noch einmal visualisiert. Sie sollte während der gesamten Phase an eine Wand des Klassenraums projiziert werden, um gewisse Hilfestellungen im Bezug zum Ablauf zu geben. Es kann jedoch trotzdem länger dauern, bis sich die Gruppen gebildet und zusammengesetzt haben. Ich habe bewusst kein Zeitfenster für gewisse Arbeitsphasen gegeben, da sich die Länge der jeweiligen Arbeitsphasen nach der Klasse und den Leistungsstand der Schülerinnen und Schüler richtet und an diese Parameter angepasst werden muss. Hier sind die Erfahrungen der jeweiligen Lehrkraft sehr wichtig, um dies abschätzen zu können. Ich habe mich entschieden, am Ende von Jigsaw II ein Quiz durchzuführen. Hierdurch können die Schülerinnen und Schüler testen, wie gut sie den Lehrstoff verstanden haben und ob sie diesen auch anwenden können. Hier wird außerdem auch geprüft, ob sie gewisse Kompetenzen und Wissensstrukturen für das Lösen der Anwendungsaufgaben erlangt haben. Um sicherzustellen, dass alle Schülerinnen und Schüler die gleichen Möglichkeiten haben, dass Quiz positiv zu bestreiten, wird der Schülerschaft nach dem Ablauf des Gruppenpuzzle ein Handout (siehe Material) von der Lehrkraft ausgeteilt. In diesem Handout sind die wichtigen Aspekte der Evolutionstheorien von Lamarck und Darwin aufgeführt und es wird illustriert, wie die Evolutionstheorien beider Wissenschaftler auf die Entstehung langhalsiger Giraffen angewendet werden können. Die Vermittlung dieser Lehrinhalte war Aufgabe der einzelnen Experten. Die Auswertung des Quiz erfolgt auch durch die Schülerinnen und Schüler in Eigenverantwortung. Dazu werden die Quizbögen so unter den Schülerinnen und Schülern ausgetauscht, dass niemand seinen eigenen Quizbogen korrigiert. Während der Korrekturphase dürfen nur Stifte mit roter Schreibfarbe auf den Tischen liegen, um einen eventuell auftretenden Betrugsversuch schon zu vereiteln. Die Korrektur wird mit Hilfe des Lösungsbogens (siehe Material) vorgenommen und dient auch wieder der Ergebnissicherung. Nach der Auswertung wird die persönliche Punktzahl und durch das Addieren der Punktzahlen der gesamten Basisgruppenmitglieder ein Gruppenpunktestand ermittelt. Dies erhöht die positive Abhängigkeit. Dies ist eines der wichtigsten Elemente, da so von den Schülerinnen und Schüler einerseits Verantwortung übernommen wird, den zugewiesenen Stoff selbst zu lernen und andererseits sicherzustellen, dass alle Mitglieder der Gruppe den zugewiesenen Stoff lernen. Es wird somit eine individuelle Verantwortung und eine Gruppenverantwortung erreicht und folglich soziale Fähigkeiten und Teamfähigkeit „einstudiert", welche als wichtige Kompetenzen, die auf das Berufsleben vorbereiten sollen, durch die Bildungsstandards gleichsam definiert werden.

Gegen Ende der Arbeitsphase werden Zertifikate „Diplom", dass die erbrachten individuellen- und Gruppenleistungen in Form von Platzierungen bescheinigt. Dies ist auch ein Gedanke von Bildungsstandards. Durch sie sollen nämlich auch Leistungen in Form von Kompetenzerwerb ermittelt und bescheinigt werden (vgl. Klieme 2003: 6f.). Nach der Verleihung der „Diplome" soll eine Reflexion über diese Gruppenarbeitsphase stattfinden. Dazu wird der Reflexionsbogen (siehe Material) ausgeteilt. Hier sollen die Schülerinnen und Schüler einen Beitrag zur Verbesserung dieser Gruppenarbeit leisten, indem sie auf Schwierigkeiten beim Ablauf aufmerksam machen und Verbesserungsvorschläge nennen. Die Evaluation hilft jedoch nicht nur der Lehrkraft, eventuell auftretende Probleme zu lösen, sondern stellt einen weiteren Kompetenzerwerb auf Seiten der Schülerschaft dar. Sachverhalte zu evaluieren und Funktionsabläufe zu bewerten ist dem Kompetenzbereich Bewertung zugeordnet. Hier werden zwar nicht biologische Sachverhalte bewertet, jedoch das Formulieren von Meinungen und diese zu begründen geschult.

Schließlich ist zu überlegen, wie und nach welchen Kriterien die Lehrkraft nach diesem Gruppenpuzzle Noten vergeben sollte. Hier würde ich vorschlagen, dass sich die Lehrkraft während der Gruppenarbeitsphase Notizen macht und auch die individuelle Punktzahl bei dem durchgeführten Quiz als Hilfsmittel zur Notenfindung berücksichtigt.

8. Fazit

Zusammenfassend kann man sagen, dass sich viele Vorteile aus meiner Sicht durch diese Arbeitsweisen ergeben:

- Schülerinnen und Schüler werden sehr stark aktiv in den Unterricht eingebunden.
- Schülerinnen und Schüler lernen etwas selbstständig in der Gruppe zu erarbeiten.
- Jeder Schüler ist am Lernzuwachs anderer beteiligt und verantwortlich (Wissensvermittler).
- Um als Experte zu fungieren, müssen Inhalte verstanden worden sein.
- Schülerinnen und Schüler können die Entwicklung der Evolutionstheorien aus historischer und aus der Sicht des Wissenschaftlers nachempfinden.

Natürlich ist die Vorbereitung dieser Methode sehr zeitaufwendig, jedoch kann man diese Vorbereitungen immer wieder verwenden. Man muss sich als Lehrkraft immer im Klaren sein, dass man durch Methodenwechsel Schülerinnen und Schüler besser aktivieren kann. Sie erzeugen Motivation und stellen eine Herausforderung für die Lernenden dar. Man kann dadurch, wie durch die Bildungsstandards gefordert, fachliche, lebensweltliche, und schülerbezogene Anreize geben. Außerdem erfordert meine Konzeption auch das Kennen und Argumentieren mit der Evolutionstheorie. So werden Elemente von gutem Unterricht gestärkt. Durch diese Konzeption ist es den Schülerinnen und Schüler möglich, folgende Bildungsstandards im Kompetenzbereich Erkenntnisgewinnung und Kommunikation zu erlangen (vgl. Frank 2005: 6).

<u>Standards für den Kompetenzbereich Erkenntnisgewinnung</u>

E9 wenden Modelle zur Veranschaulichung von Struktur und Funktion an
E10 analysieren Wechselwirkungen mit Hilfe von Modellen
E11 beschreiben Speicherung und Weitergabe genetischer Information auch unter Anwendung geeigneter Modelle
E12 erklären dynamische Prozesse in Ökosystemen mithilfe von Modellvorstellungen
E13 beurteilen Aussagekraft eines Modells

<u>Standards für den Kompetenzbereich Kommunikation</u>

K1 kommunizieren und argumentieren in verschiedenen Sozialformen

Die Fähigkeit zu adressatengerechter und sachbezogener Kommunikation ist also ein wesentlicher Bestandteil biologischer Grundbildung. Hierzu sind moderne Methoden und Techniken der Präsentation, das Beherrschen der Regeln der Diskussion, eine angemessene Sprech- und Schreibfähigkeit in der Alltags- und der Fachsprache erforderlich. Dies wird durch die vorliegende Konzeption geschult. Kommunikation setzt jedoch auch die Bereitschaft voraus, eigenes Wissen, eigene Ideen und Vorstellungen in die Diskussion einzubringen und zu entwickeln, den Kommunikationspartnern mit Vertrauen zu begegnen und ihre Persönlichkeit zu respektieren sowie einen Einblick in den eigenen Kenntnisstand zu gewähren.
Dies sind Kompetenzen, die für eine positive berufliche Karriere besonders wichtig sind.
Die gesamte Arbeit wurde von der Idee geleitet, die nationalen Bildungsstandards, die einleitend beschrieben wurden, in die Praxis umzusetzen und damit einen Beitrag an der Verbesserung der momentanen Leistungssituation in Deutschland zu verwirklichen.

9. Materialien

Gruppenname: _____

Die Theorien von Lamarck und Darwin im Vergleich

„Es gibt indessen unter den Pflanzen fressenden Tieren und hauptsächlich unter den Wiederkäuern solche, die in den wüsten Ländern, die sie bewohnen, unaufhörlich der Raublust der Fleisch fressenden Tiere ausgesetzt sind und ihr Heil nur in der schleunigsten Flucht finden können. Die Notwendigkeit hat sie gezwungen, sich im schnellen Laufen zu üben, und durch diese Gewohnheit ist ihr Körper leichter und sind ihre Beine viel schlanker geworden. Beispiele dafür sind die Antilopen, die Gazellen ..."

1. Naturgesetz LAMARCKS

Bei jedem Tiere, welches den Höhepunkt seiner Entwicklung noch nicht überschritten hat, stärkt der häufigere und dauernde Gebrauch eines Organs dasselbe allmählich, entwickelt, vergrößert und kräftigt es proportional der Dauer dieses Gebrauchs; der konstante Nichtgebrauch eines Organs macht dasselbe unmerkbar schwächer, verschlechtert es, vermindert fortschreitend seine Fähigkeiten und lässt es endlich verschwinden.

2. Naturgesetz LAMARCKS

Alles, was die Individuen durch den Einfluss der Verhältnisse, denen ihre Rasse lange Zeit hindurch ausgesetzt ist, und folglich durch den Einfluss des vorherrschenden Gebrauchs oder konstanten Nichtgebrauchs eines Organs erwerben oder verlieren, wird durch die Fortpflanzung auf die Nachkommen vererbt, vorausgesetzt, dass die erworbenen Veränderungen beiden Geschlechtern oder den Erzeugern dieser Individuen gemein sind.

(LAMARCK, Zoologische Philosophie)

„Wenn ein Naturforscher über den Ursprung der Arten nachdenkt, so ist es wohl begreiflich, dass er in Erwägung der gegenseitigen Verwandtschaftsverhältnisse der Organismen, ihrer embryonalen Beziehungen, ihrer geographischen Verbreitung, ihrer geologischen Aufeinanderfolge und andrer solcher Tatsachen zu dem Schlusse gelangt, die Arten seien nicht selbständig erschaffen, sondern stammen wie Varietäten von anderen Arten ab."

„Da viel mehr Individuen jeder Art geboren werden, als möglicherweise fortleben können, und demzufolge das Ringen um Existenz beständig wiederkehren muss, so folgt daraus, dass ein Wesen, welches in irgendeiner für dasselbe vorteilhaften Weise von den übrigen, so wenig es auch sei, abweicht, unter den zusammengesetzten und zuweilen abändernden Lebensbedingungen mehr Aussicht auf Fortdauer hat und demnach von der Natur zur Nachzucht gewählt werden wird. Eine solche zur Nachzucht ausgewählte Varietät strebt dann nach dem strengen Erblichkeitsgesetze jedes Mal seine neue und abgeänderte Form fortzupflanzen."

„Niemand glaubt, dass alle Individuen einer Art genau nach demselben Modell gebildet seien. Diese individuellen Verschiedenheiten sind nun gerade von der größten Bedeutung für uns, weil sie oft vererbt werden, wie wohl jedermann schon zu beobachten Gelegenheit hatte.

(DARWIN, Die Entstehung der Arten durch natürliche Zuchtwahl)

Biologie heute, Schroedel Verlag 1998

Expertengruppe

Stellen Sie die wichtigsten Aussagen Lamarcks zur Entstehung der Arten zusammen!

Expertengruppe

Stellen Sie die wichtigsten Aussagen Darwins zur Entstehung der Arten zusammen!

Expertengruppe

Wenden Sie Lamarcks Evolutionstheorie auf die Entstehung langhalsiger Giraffen an!

Tipp:

Biologie heute, Schroedel Verlag 1998

Expertengruppe

Wenden Sie Darwins Evolutionstheorie auf die Entstehung langhalsiger Giraffen an!

Tipp:

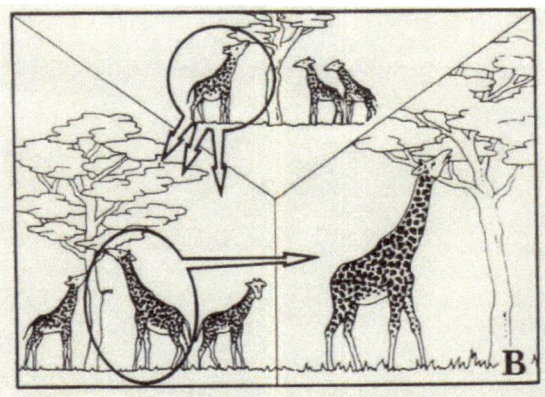

Biologie heute, Schroedel Verlag 1998

Name: Datum:

Quiz zu den Evolutionstheorien von Darwin und Lamarck

1. (1 Punkt)
Wie hieß das fundamentale Werk, in dem Charles Darwin die Evolutionstheorie erstmals beschrieb?

On the descent of man
On the origin of species
On the evolution of species

2. (2 Punkte)
Was beschreibt Lamarck in seinen "Naturgesetzen"?

_____
_____
_____
_____
_____
_____
_____

3. (3 Punkte)
Was bedeutet „struggle for life" (Kampf um das Dasein) im Hinblick auf die Evolutionstheorie von Darwin?

_____
_____
_____
_____
_____
_____
_____

4. (4 Punkte)
Wenden Sie die Evolutionstheorien beider Wissenschaftler auf die Entstehung langhalsiger Giraffen an!

_____
_____
_____
_____
_____
_____
_____

Sie haben in dem Quiz insgesamt _____ Punkte von 10 Punkten erreicht.

Lösung

Quiz zu den Evolutionstheorien von Darwin und Lamarck

1. (1 Punkt)
Wie hieß das fundamentale Werk, in dem Charles Darwin die Evolutionstheorie erstmals beschrieb?

On the descent of man
On the origin of species
On the evolution of species

2. (2 Punkte)
Was beschreibt Lamarck in seinen "Naturgesetzen"?

- Anpassung erfolgt durch ein inneres Bedürfnis. **Häufigerer Gebrauch stärkt Organ; Nichtgebrauch führt zu einer Schwächung oder gar zur Rückbildung des Organs.**
  -> aktive Anpassung
- **Neu erworbene Eigenschaften treten in der nächsten Generation auf**, wenn beide Elternteile das neue Merkmal aufweisen

3. (3 Punkte)
Was bedeutet „struggle for life" (Kampf um das Dasein) im Hinblick auf die Evolutionstheorie von Darwin?

- Anpassung erfolgt von außen durch die Umwelt
  -> passive Anpassung durch **Auslese (Selektion)**
- **Die am besten Angepassten gelangen häufiger zur Fortpflanzung.** Deshalb tritt das Merkmal von Generation zu Generation häufiger auf
- Individuen, die in diesem stetigen „Kampf ums Dasein" (struggle for life) mehr Nachkommen haben, setzen sich durch, und vermehren damit ihre Erbinformation. „Kampf" meint hier in den wenigsten Fällen eine individuelle – beschädigende – Auseinandersetzung, sondern eher die **Fähigkeit, unter den begrenzenden Lebensbedingungen besser zurechtzukommen** (z. B. Wassermangel oder Konkurrenz um gleiche Nahrungsressourcen bzw. Beutetiere) und mehr Nachkommen zu produzieren.

4. (4 Punkte)
Wenden Sie die Evolutionstheorien beider Wissenschaftler auf die Entstehung langhalsiger Giraffen an!

A: Lamarck
Inneres Bedürfnis führt aufgrund einer häufigeren Streckung des Halses zur Verlängerung.

B: Darwin
Durch einen verlängerten Hals kann man höhere Blätter fressen (Vorteil)
→ führt zu einer häufigeren Fortpflanzung aufgrund der besseren Angepasstheit der Umweltbedingungen.

Biologie heute, Schroedel Verlag 1998   -28-

Reflexion des Gruppenpuzzles

Name (freiwillige Angabe): _____ **Gruppe**:
_____

1. In welchem Maß haben die anderen Gruppenmitglieder Ihnen zugehört und ihre Ideen verstanden?

gar nicht 1   2   3   4   5   6   7   8   9   10   völlig

2. Ich bin mit dem Ablauf des Gruppenpuzzles zufrieden.

gar nicht 1   2   3   4   5   6   7   8   9   10   völlig

3. Ich bin mit dem Arbeitsprozess in meiner Gruppe zufrieden.

gar nicht 1   2   3   4   5   6   7   8   9   10   völlig

4. Ich konnte meinen Gruppenmitgliedern als Experte die gewünschten Lehrinhalte näher bringen.

gar nicht 1   2   3   4   5   6   7   8   9   10   völlig

5. Wie viel haben Sie bei der Diskussion über das Thema gelernt?

nichts   1   2   3   4   5   6   7   8   9   10   viel

Ich glaube, dass kooperative Kleingruppenarbeit (Gruppenpuzzle) das Lernen bei Schülern _____.
                   (steigern / nicht steigern)

Diese Art des Lernens _____ den Schülerinnen
                   (hilft / hilft nicht)

und Schülern sich auf die Anforderungen des Berufslebens vorzubereiten.

Gründe für meine Entscheidung sind:

Diese Schwierigkeiten sind aufgetreten:

Meine Verbesserungswünsche:

Muster Gymnasium

Diplom

Hiermit wird Ihnen eine erfolgreiche Teilnahme an den Studien zu Evolutionstheorien von Darwin und Lamarck bescheinigt.

Sie haben in dem Abschlussquiz _____ von insgesamt 10 Punkten erreicht.

Sie waren Mitglied in der _____ Basisgruppe. Die Mitglieder dieser Basisgruppe haben zusammen _____ Punkte errricht und belegen somit den

Platz

Ablauf des Gruppenpuzzles (Jigsaw II)

5 Jigsaw-Gruppen mit je 4 verschiedenen Experten

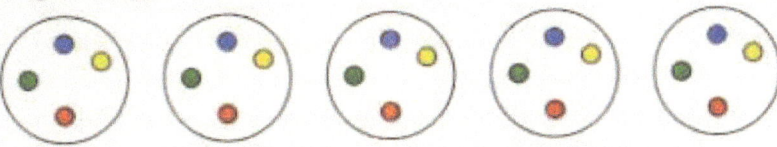

Aufgabe: a) Denkt euch einen Gruppennamen aus und haltet ihn auf
dem Plakat fest.
b) Verteilt die vier Aufgabenblätter so, dass jeder ein Thema
bearbeitet.
c) Bearbeite dein Thema in Einzelarbeit.

PHASE II
4 Expertenteams mit je 5 Experten

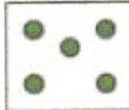 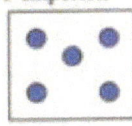 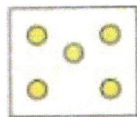 

Aufgabe: a) Vergleicht eure Ergebnisse.
b) Klärt Probleme.
c) Überlegt, wie ihr euer Expertenthema den anderen eurer
Jigsaw-Gruppe erklären könnt und haltet es schriftlich fest.
Ziel: Jeder hat sein Thema so gut verstanden, dass er es den anderen
erklären kann.

PHASE III

5 Jigsaw-Gruppen mit je 4 verschiedenen Experten

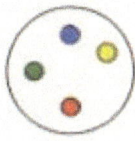 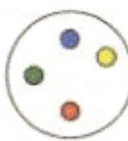 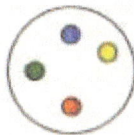 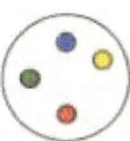 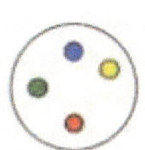

Aufgabe: Erkläre den anderen deiner Gruppe dein Thema.
Ziel: Jeder hat alle vier Themen so gut verstanden, dass er das Quiz gut
bestehen kann.

PHASE IV

Aufgabe: Quiz in Einzelarbeit

Ziel: Ein hohes Gruppenergebnis erreichen.

Lösungsblatt

10. Quellenverzeichnis

Avenarius 2003:
Avenarius, Hermann: Schulbegriff und Rechtform bei Beruflichen Schulen als Kompetenzzentren. In Schulrecht, Vol. 7, No. 3, 2003.

Campbell et al 2004:
Campbell, Neil A.: Biologie: Spektrum- Akademischer Verlag, Heidelberg, 2004.

Deutsches PISA-Konsortium (Hrsg.) 2001:
Deutsches PISA-Konsortium (Hrsg.): *PISA 2000. Basiskompetenzen von Schülerinnen und Schülern im internationalen Vergleich*, Opladen: Leske+Buderich 2001.

Feltes et al. 2005:
Feltes, Torsten / Paysen, Marc: Nationale Bildungsstandards. Von der Bildungs- zur Leistungspolitik, VSA-Verlag, Hamburg, 2005.

Frank 2005:
Frank, Angelika: Unterrichten mit Standards. In Unterricht Biologie 307/308, 2005.

Green et al. 2005:
Norm Green: Kooperatives Lernen im Klassenraum und im Kollegium. Das Trainingsbuch, Kallmeyer Verlag, Seelze-Velber, 2005

Hessisches Kultusministerium (Hrsg.): Lehrplan Biologie Lehrgang Realschule Jahrgangsstufen 5 – 10, Wiesbaden, 2002

Hessisches Kultusministerium (Hrsg.): Lehrplan Biologie Lehrgang Gymnasium Jahrgangsstufen 5 – 13, Wiesbaden, 2002

Klieme 2003:
Klieme, Eckhard: Zur Entwicklung nationaler Bildungsstandards. Eine Expertise, Deutsches Institut für Internationale Pädagogische Forschung, Frankfurt am Main, 2003.

Kraus 2005
Josef Kraus: *Der PISA-Schwindel. Unsere Kinder sind besser als ihr Ruf – Wie Eltern und Schule Potentiale fördern können*, Amalthea Signum Verlag GmbH, Wien, 2005.

PISA-Konsortium Deutschland (Hrsg.) 2004:
Deutsches PISA-Konsortium (Hrsg.): *PISA 2003. Untersuchungen zur Kompetenzentwicklung im Verlauf eines Schuljahres*, Waxmann, Münster, 2006

Pfeifer 2006:
Pfeifer, Michael: *Bildung auf Finnisch. Anspruch – Wirklichkeit – Ideal – nach PISA*, P. Kirchheim Verlag, München, 2006.

Slavin 1995:
Slavin, Robert E.: Cooperative Learning. Second Edition, Allyn and Bacon, Massachusetts, 1995.

Weber 2001:
Weber, Ulrich et al.: Biologie Oberstufe, Gesamtband, Cornelsen, Berlin, 2001.

Weinert 1982:
Weinert, Franz E.: Selbstgesteuertes Lernen als Voraussetzung, Methode und Ziel des Unterrichts. Unterrichtswissenschaft, 1982.

Weinert 2002:
Weiner, Franz E. (Hrsg.) (2002): Leistungsmessungen in Schulen. 2. unveränderte Auflage, Beltz, Weinheim und Basel, 2002.

Weiß (Hrsg.) 2001:
Weiß, Manfred, et al: *PISA 2000. Die Studie im Überblick - Grundlagen, Methoden, Ergebnisse*, Max-Planck-Institut für Bildungsforschung, Berlin, 2001.

Internetquellen:

http://pisa.ipn.uni-kiel.de/PISA_2003_Kompetenzentwicklung_Zusfsg.pdf, 24.5.2008;
http://pisa.ipn.uni-kiel.de/Ergebnisse_PISA_2003.pdf, 24.5.2008
http://pisa.ipn.uni-kiel.de/Ergebnisse_PISA_2003.pdf, 24.5.2008
http://www.mpib-berlin.mpg.de/pisa/ergebnisse.pdf, 24.5.2008

Abbildungsverzeichnis:

Abb. 1: Kompetenzbereiche
Frank, Angelika (2005): Unterrichten mit Standards. In Unterricht Biologie 307/308 2005, S. 5.

Abb. 2 : Jean Baptiste de Lamarck
http://upload.wikimedia.org/wikipedia/commons/f/f0/Jean-baptiste_lamarck2.jpg, 24.5.2008

Abb. 3: Lamarcks Evolutionstheorie am Beispiel einer Giraffe (*Giraffa camelopardalis*)
http://www.princessleia.com/images/MyImages/essays/giraffe_lamark.jpg, 24.5.2008

Abb. 4: Charles Darwin
http://upload.wikimedia.org/wikipedia/commons/9/99/Charles_Darwin_by_Julia_Marg aret_Cameron.jpg, 24.5.2008

Abb. 5: Darwins Evolutionstheorie am Beispiel einer Felsentaube (Columba livia)
http://www.thomas-junker-geschichtederbiologie.de/mediac/400_0/media/Haeckel~Tauben.JPG, 24.5.2008

Materialien:

Weber et al.: Biologie Oberstufe, Gesamtband, Cornelsen, Berlin, 2001.
:
Hafner et al.: Materialien für den Sekundarbereich II, Biologie heute, Schroedel-Verlag, Stuttgart, 1998.